ISBN 978-3-662-22954-5   ISBN 978-3-662-24896-6 (eBook)
DOI 10.1007/978-3-662-24896-6

Die in den Sitzungsberichten Abtlg. I und Abtlg. II a der math.-nat. Klasse der Österr. Ak. d. Wiss. erscheinenden Abhandlungen werden auch einzeln abgegeben. Sie können durch jede Buchhandlung oder direkt durch die Auslieferungsstelle der Österreichischen Akademie der Wissenschaften (Wien I, Singerstraße 12) bezogen werden.

Nachfolgende Abhandlungen aus dem Fache **Botanik** (Biologie) sind erschienen:

1950 (S I Bd. 159):

Cholnoky B. v. und Höfler K.: Vergleichende Vitalfärbungsversuche an Hochmooralgen (mit 23 Textabbildungen), 39 Seiten. S 29.40

1951 (S I Bd. 160):

Biebl R.: Bodentemperaturen unter verschiedenen Pflanzengesellschaften (mit 9 Textabbildungen), 19 Seiten. S 13.—
Fritz Anna: Veränderungen von Plasmaeigenschaften durch Vitalfarbstoffe, I. Prune pure, 99 Seiten. S 19.—
Kasy Rosemarie: Untersuchungen über Verschiedenheiten der Gewebeschichten krautiger Blütenpflanzen in Beziehung zu entwicklungsgeschichtlichen Befunden Hans Winklers an Pfropfbastarden (mit 2 Textabbildungen), 63 Seiten. S 29.—
Kopetzky-Rechtperg O.: Über eine Mißbildung der Alge Netrium digitus (Ehrenberg) Itzigs und Rothe (mit 1 Textabbildung), 5 Seiten. S 2.50
Krebs Ingeborg: Beiträge zur Kenntnis des Desmidiaceen-Protoplasten: I. Osmotische Werte. II. Plastidenkonsistenz (mit 3 Textabbildungen), 34 Seiten. S 20.—
Loub W.: Über die Resistenz verschiedener Algen gegen Vitalfarbstoffe (mit 4 Textabbildungen), 37 Seiten. S 20.—
Luhan Maria: Zur Wurzelanatomie unserer Alpenpflanzen: I. Primulaceae (mit 10 Textabbildungen), 26 Seiten. S 12.50
Stadelmann E.: Zur Messung der Stoffpermeabilität pflanzlicher Protoplasten: I. Die mathematische Ableitung eines Permeabilitätsmaßes für Anelektrolyte (mit 6 Textabbildungen), 26 Seiten. S 16.—
Weber E.: Physiologische Untersuchungen an Euglena olivacea. 23 Seiten. S 7.—

1952 (S I Bd. 161):

Cholnoky B. J. v.: Beobachtungen über die Plasmolyse: I. Die protoplasmatische Wirkung von NaCl-, NaOH- und HCl-Gemischen auf Delphinium-Blumenblattzellen (mit 7 Tafeln), 18 Seiten. S 12.90
Höfler K., w. M., und Loub W.: Algenökologische Exkursion ins Hochmoor auf der Gerlosplatte (mit 2 Textabbildungen), 21 Seiten. S 10.70
Kopetzky-Rechtperg O.: Artenliste von Desmidiales aus den österreichischen Alpen (mit 1 Textabbildung), 22 Seiten. S 9.40
Krebs Ingeborg: Beiträge zur Kenntnis des Desmidiaceen-Protoplasten: III. Permeabilität für Nichtleiter (mit 6 Textabbildungen), 37 Seiten. S 23.80
Küster E.: Beobachtungen über die Wirkungen des Ultraschalls auf lebende Pflanzenzellen, 13 Seiten. S 5.—
Luhan Maria: Zur Wurzelanatomie unserer Alpenpflanzen: II. Saxifragaceae und Rosaceae (mit 15 Textabbildungen), 38 Seiten. S 16.70
Stadelmann E.: Zur Messung der Stoffpermeabilität pflanzlicher Protoplasten, II. (mit 5 Textabbildungen), 35 Seiten. S 25.70
Toth-Ziegler Annemarie: Rot fluoreszierende Inhaltskörper bei Leguminosen (mit 22 Textabbildungen), 44 Seiten. S 22.40
Wawrik Friederike: Grundwasserstudie (mit 7 Textabbildungen), 20 Seiten. S 12.50
Wiesner Gertraud: Die Bedeutung der Lichtintensität für die Bildung von Moosgesellschaften im Gebiet von Lunz, 24 Seiten. S 10.80

1953 S I Bd. 162:

Cholnoky B. J. v.: Beobachtungen über die Plasmolyse II. Zur Protoplasmatik der Staubblatthaarzellen von Tradescantia (mit 31 Textabbildungen)
Cholnoky B. J. v. und Schindler H.: Die Diatomeengesellschaften der Ramsauer Torfmoore (mit 41 Textabbildungen)
Hirn Ilse: Vitalfärbung von Diatomeen mit basischen Farbstoffen (mit 8 Textabbildungen)
Huber Elfriede: Beitrag zur anatomischen Untersuchung der Antheren von Saintpaulia (mit 6 Textabbildungen)
Lenk Ingeborg: Über die Plasmapermeabilität einer Spirogyra in verschiedenen Entwicklungsstadien und zu verschiedener Jahreszeit (mit 1 Textabbildung und 1 Tafel)
Loub W.: Zur Algenflora der Lungauer Moore (mit 3 Textabbildungen)
Wimmer Ch. und Höfler K.: Über die Eigenfluoreszenz lebender, absterbender und toter Florideenzellen (mit 3 Textabbildungen)
Diskus A.: Vom Osmoseverhalten halophiler Euglenen vom Neusiedler See (mit 3 Tafeln)

Über Cyanophyceen aus kleinen künstlichen Wasserbecken und aus dem Ruster Kanal des Neusiedler Sees

Von J. Schiller, Wien

Mit 17 Textabbildungen (49 Einzelbildern)

(Vorgelegt in der Sitzung am 11. März 1954)

Die Untersuchung außergewöhnlicher Biotope hat jederzeit besonders in den Übergängen zwischen den einzelnen Jahreszeiten eine große Anzahl neuer und bemerkenswerter Organismen ergeben. Dies haben vor allem verschiedene Untersuchungen von A. Pascher gezeigt. Der Verfasser untersucht seit einigen Jahren ebenfalls solche Biotope ganzjährig genau durch Zentrifugierung mittels der Meyerschen Flasche geschöpften Wassers und hat dabei eine große Zahl neuer und wenig bekannter Mikrophyten gefunden. Darüber befinden sich bereits einige Berichte im Druck. Diese Mitteilung enthält nur die bei diesen Untersuchungen beobachteten neuen und wenig bekannten *Cyanophyceen*[1].

Diese Biotope sind in kurzer Kennzeichnung folgende:

1. Das 1941 gebaute Löschwasserbetonbecken (im folgenden als WS bezeichnet) im Springer-Park, Wien XII, Tivoligasse 73, 8 : 12 m; der Wasserstand von etwa 1—1$^1/_2$ m wird nur durch Regenwasser gehalten; das Becken ist eutroph, im Herbst bis Winter mit viel faulendem Laub: p_H 7,5—7,8.

2. Ein kleiner Dorfteich in Wien-Glinzendorf (WG), etwa 9 zu 9 m; Wassertiefe 1,50 m; eutroph durch einsickernde Stallabwässer (Jauche); p_H 7,7—7,7.

3. Bootshafen des Ruster Kanals, der die Stadt Rust mit dem offenen See verbindet (RKNS). Das Wasser dieses einzigen

---

[1] Der Burgenländischen Landesregierung bin ich für einen Kostenbeitrag zu den Untersuchungen am Neusiedler See zu herzlichem Danke verbunden. —

Herrn und Frau K. Bauer, Glinzendorf, danke ich für freundliche Hilfeleistung.

Steppensees Europas enthält Natriumkarbonat (Sodasee) mit etwas Chlornatrium und anderen Salzen; es hat daher ein hohes p_H 8,6 bis 8,8. Die salzliebende Diatomee *Chaetoceras Mülleri* lebt hier perenn, auch im Winter unter Eis. Das Wasser ist schwach braun, hoch eutroph, mit häufigen und länger dauernden Vegetationsfärbungen und im Gegensatz zu dem des stets schlammigen, offenen, seichten Muldensees rein, da es beim Durchströmen des fast einen Kilometer breiten Schilfgürtels die Sinkstoffe absetzt. Die alljährlich absterbenden riesigen Schilfbestände bereichern das Wasser mit mineralischen und organischen Nährstoffen, die wesentlich die hohe Eutrophie bewirken. Die Folge sind häufige Hochproduktionen verschiedener Mikrophyten.

Die nachfolgend beschriebenen Blaualgen sind meist Euplanktonter. Ihr Schweben wird durch Gasvakuolen und durch reichliche Ausscheidung von Gallerte begünstigt. Epi- und endophytisch lebt *Gloeocapsa elachista* in der Gallerte von *Microcystis lutescens*. Es wurde keinerlei Beeinträchtigung des Wirtes beobachtet.

I. Bewegungserscheinungen.

Die hier in Behandlung stehenden Cyanophyceen gaben öfters Gelegenheit zur Beobachtung von Bewegungserscheinungen. Sie repräsentieren bekanntlich gegenüber allen anderen Algengruppen die sonderbarsten Typen. Sie bleiben zwar bei den Nostocaceen und Oscillatoriaceen keinem Algologen fremd, gehören aber zu den noch immer trotz der glänzenden Untersuchungen Harders (1918), Ullrichs (1926, 1929), Schmids und anderer (siehe Geitler 1936, S. 77 ff.) zu den ungeklärten Erscheinungen des Pflanzenreiches.

Meine Beobachtungen betreffen nur die bisher noch kaum studierten Bewegungen bei den Chroococcaceen. Im Juni 1951 war es eine eindrucksvolle Überraschung, als einige 6zellige Trichome der *Borzia Starkii* n. sp. (Abb. 12 c, S. 130) bei 25° C mit großer und gleichmäßiger Geschwindigkeit pausenlos durch das große Gesichtsfeld (bei 600facher Vergrößerung) in etwa $1^1/_2$ Sekunden glitten. Diese Alge stimmt bekanntlich morphologisch mit Hormogonien überein, für die langsames Kriechen in der Längsrichtung typisch ist. Daher war die schnelle Bewegung so überraschend. War doch die Geschwindigkeit größer als bei den guten Schwimmern *Euglena acutissima* und *Coleps hirtus*, die gleichzeitig im Gesichtsfeld sich bewegten. Während aber diese beiden Organismen die Bewegungsrichtung oft änderten und Pausen machten, tat dies *Borzia Starkii* im Gesichtsfeld nie. Die Konstanz der Bewegungsrichtung erinnerte an manche Diatomeen, nur bewegte sich *Borzia* unvergleichlich schneller.

Da *Borzia Starkii* zwar morphologisch und physiologisch durch die Plasmodesmen eine Einheit repräsentiert, aber keine Schwimmform besitzt, weil die breiten Endflächen den Wasserwiderstand sehr erhöhen, muß daher eine große Antriebskraft wirksam sein zur Erzielung einer so auffallend hohen Geschwindigkeit. Als solche kann die Schleimabsonderung nicht entfernt genügen, die bei den Desmidiaceen zur Erklärung herangezogen wird und von Niklitschek (zitiert nach Geitler, 1936, S. 80) bei einigen Blaualgen experimentell erkannt worden ist. Ob die von Schmidt und Ullrich (siehe Geitler, 1936, S. 80 ff.) beobachteten und als Bewegungsursache gedeuteten longitudinalen Kontraktionswellen bei der großen und ganz anders gebauten *Borzia Starkii* in Betracht kommen können, dürfte auch zweifelhaft sein. Und wahrscheinlich kann hier auch nicht die von Krenner für andere Cyanophyceen angegebene Theorie der molekularen Osmose das Geheimnis lüften.

Von ganz anderer Art und insbesondere kaum bemerkbar sind die Bewegungen der Zellen der *Chroococcales*. Sie liegen bekanntlich in einer von ihnen abgeschiedenen Gallertmasse. Ihre äußere mit dem Wasser in Berührung stehende Grenzschicht kann membranartig ausgebildet und dann gut sichtbar sein (Abb. 9); oder relativ konsistent und begrenzt (z. B. Abb. 7 a—g) oder auch weich, ohne deutliche Grenzlinien und zerfließend sein (Abb. 7 h, 8). Eine oberflächliche Gallertschichte wird mehr minder lebhaft durch Bakterien verflüssigt und im Wasser gelöst. Diese Ausbildungsarten der Gallerthülle sind für die einzelnen Arten charakteristisch und systematisch verwertbar, und es muß eine dauernde Erneuerung der abgebauten äußeren Gallertpartien durch ständige seitens der kolonialen Zellen neugebildete und zentrifugal abströmende Gallerte stattfinden. Es zeigen sich Bewegungen, die hier wie sonst prinzipiell durch Entwicklungen verursacht sind.

Die jungen, noch kleinen Kolonien z. B. der Gattungen *Microcystis, Aphanocapsa, Aphanothece* und anderer zeigen noch dichte Lagerung der Zellen (Abb. 3 a, b, 6 a—e, 7 a—e). Sie wird mit der zunehmenden Größe der Zellfamilien locker oder bleibt dichter und systematisch verwendbar (Abb. 1, 4, 6 c, 7 h). Man sieht ferner von den zentralen Koloniezellen der alten Kolonien häufig einzelne Zellen losgelöst und gegen die Gallertgrenze vereinzelt verteilt (Abb. 1 a, 9). Als Ursache dieser Ortsveränderungen sind lokale, sehr langsame Zellbewegungen zu erkennen. Sie können passiv erfolgen durch die oben beschriebene zentrifugale Gallertströmung zum Ersatz der ständig ± von den Bakterien zur Auflösung gebrachten Gallertoberfläche. Diese Geschwindigkeit ist von Art zu Art verschieden. Die Tochterzellen von *Aphanocapsa Coordersi* bleiben lange Zeit aneinanderliegen, zeigen also zunächst keine Bewegung (Abb. 5, S. 120). Vielleicht trägt auch eine von den einzelnen Zellen erfolgende spezifische Gallertausscheidung dazu bei. Dagegen können bei *Gloeocapsa attingens* solche Austritte von Einzelzellen (Abb. 9, S. 127) aus dem Zellverbande durch zentrifugale Gallertströmung nicht möglich sein. Denn es ist nicht nur jede einzelne Zelle von einer, sondern auch jede Kolonie von einer oder zwei membranartigen Gallerthüllen umgeben, so·daß die Entstehung eines zentrifugalen Gallertstromes schwer denkbar ist. Hier liegt also noch kaum eine der von den oben erwähnten Forschern entwickelten Theorien als Möglichkeit einer Erklärung vor.

Während aber bei den oft untersuchten Nostocaceen und Oscillatorien von den Autoren nicht viel über die Bedeutung der Bewegungen gesagt wurde, ist eine Aussage darüber bei den hier besprochenen Chroococcalen immerhin möglich. Bei *Gloeocapsa attingens* wurden solche ausgeschlüpfte Einzelzellen im Wasser noch einzeln, aber ebensooft schon in Zweizell- oder Vierzellkolonien (Abb. 9, S. 127) usw. gesehen. Sehr reichlich waren freischwimmende Einzelzellen von *Microcystis lutescens*, *M. punctata*, *Aphanocapsa-* und *Aphanothece-*Arten fast stets bei guter Entwicklung in den Zentrifugaten zu beobachten und desgleichen junge, kleine Kolonien in allen Größen (Abb. 6 a—c, 7 a—d, S. 121, 123).

Merismopedia ist das beste Beispiel für gerichtete, genau distanzierte Bewegungen. Es steht demnach bei den Chroococcalen die Zellbewegung im Dienste der Entwicklung, der vegetativen Vermehrung und Verbreitung der Zellen und später der Kolonien. Entwicklungen sind ja immer und überall mit Bewegungen verbunden.

II. Systematik der gefundenen Formen.

Microcystis lutescens n. sp. Abb. 1 a—e.

Kolonien kugelig bis flach scheibenförmig, solid, nicht netzförmig durchbrochen, bis 180 μ groß; doch zeigen alte Kolonien vor der Zerteilung oft einen sich erweiternden Hohlraum in der Mitte oder eine die Familie durchquerende helle Zone. Gallertschicht sehr weit, ihre Grenze erst durch Tusche erkennbar, am Rande kaum zerfließend. Zellen kugelig, 5—6 μ breit, ± locker gelagert, etwa im Abstande der Zellbreite. Da aber viele Zellen übereinanderliegen, erscheinen sie dicht gelagert und infolge der Gasvakuolen dunkel. Zellen mit Gasvakuolen, diese durch Druck sehr leicht entzwei-

Über Cyanophyceen aus kleinen künstlichen Wasserbecken. 113

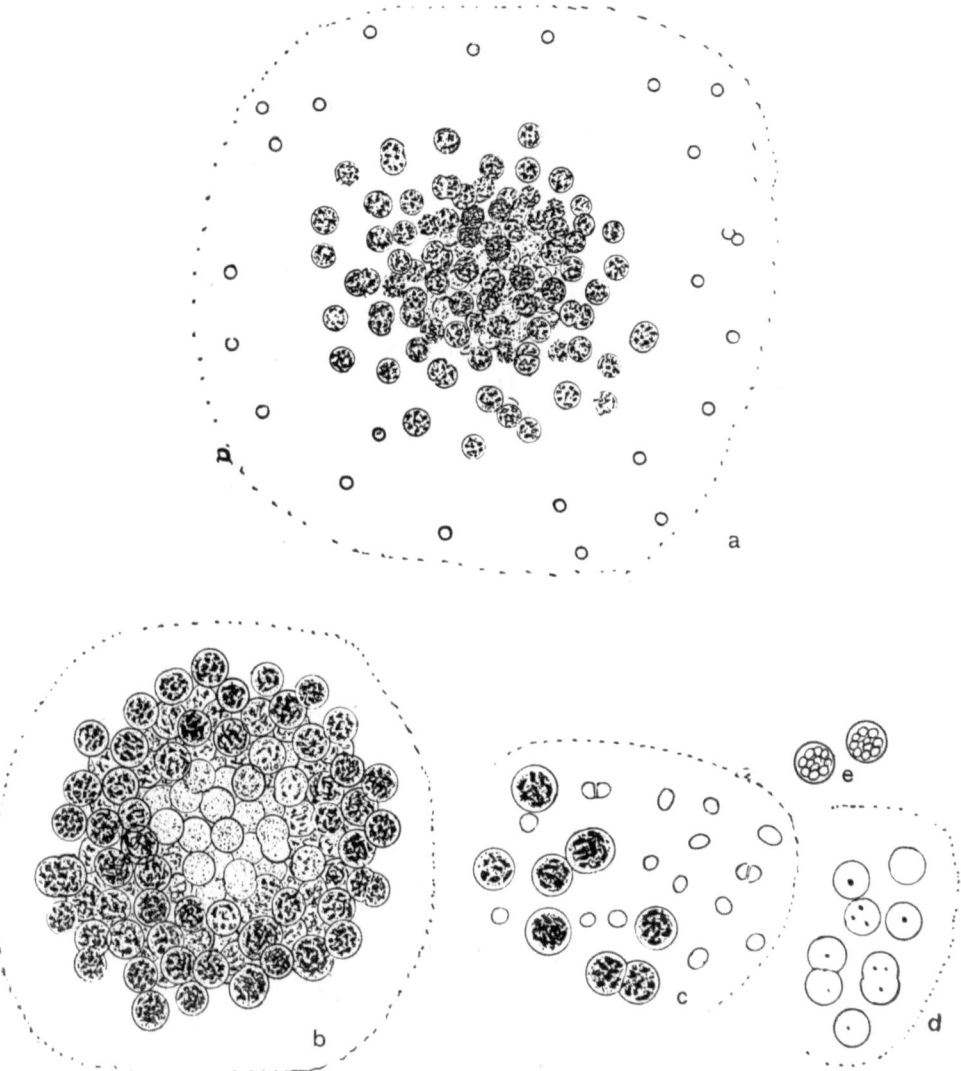

Abb. 1 a—e. *Microcystis lutescens* n. sp. a Normale Kolonie mit aus dem Verbande am Rande austretenden Zellen, die neue Kolonien bilden. In der Gallerte endo- und ektophytisch lebende, locker verteilte Zellen von *Aphanocapsa elachista*. Vergr. 580 ×; b mikroskopisches Bild der Kolonie mit im Zentrum durch Druck entfernten Gasvakuolen; c natürliche lockere Lagerung der Zellen. In der Gallerte mit *Aphanocapsa elachista;* d letale Zellen mit einem, selten mehreren winzigen Körnchen unbekannter Natur (Plasmareste?); e 2 Zellen mit dicht gelagerten Nannocyten. Vergr. b—e 830 ×.

chend. Nannocyten füllen die Zellen sehr dicht (Abb. 1 e). Durch die winzigen Zwischenräume der dichten Gasvakuolen wird ein sehr zarter ockergelber Farbton erkennbar. Monotones Massenauftreten bewirkte eine ockergelbe (lehmgelbe) Vegetationsblüte des Wassers; die gleiche Färbung zeigt auch ein Fang selbst noch nach 1½ jähriger Aufbewahrung nach Fixierung mit Formol-Borax. Zellmembran und Gallerte sind völlig farblos. Nach Entfernung der Gasvakuolen durch Druck auf das Deckglas erscheinen die Kolonien nun deutlicher zartgelblich.

Vorkommen: WS, im Sommer bis Herbst eine ockergelbe bis lehmgelbe Wasserblüte bildend. Temperatur 22—28° C. — WG, August bis Oktober, mit anderen Cyanophyceen und besonders mit massenhaft vorkommenden *Ankistrodesmus falcatus* — dieser stets mit zwei Pyrenoiden! — eine gelblichgrüne Vegetationsfärbung (1953) hervorrufend.

Mit *M. flos-aquae* stimmen Form und Größe der Zellen wie Kolonien überein. *M. fusco-lutea* hat die Gallerte wie die Zellen gelbgefärbt, besitzt keine Gasvakuolen und ist zudem eine terrestrische Art.

Gelbfärbung der Zellmembranen und Gallerten ist nach Geitler (1932) im Gegensatz zu einer solchen der Protoplasten nicht selten unter den Cyanophyceen. Nach ihm entsteht Gelbfärbung der Protoplasten dann, wenn die Assimilationspigmente unter ungünstigen Ernährungsverhältnisse schwinden und die Karotine in den Vordergrund treten (l. c. S. 3). Für die beiden Fundorte können diese Ursachen kaum gelten, denn die zahlreichen Mitbewohner, die lebhafte Vermehrung der Zellen wie Familien von *M. lutescens* deuten auf normale Ernährungsverhältnisse. Für solche spricht aber noch im besonderen, daß die durch die ständig vor sich gehenden Dissimilationsprozesse frei werdenden Nährstoffe infolge der völligen Undurchlässigkeit der Betonierung nicht in den Grund sickern können; ferner daß in den Glinzendorfer Teich ständig etwas Jauche einsickert. Beide Biotope produzieren daher ständig eine reiche Algenvegetation, häufig mit Vegetationsfärbung.

Im Herbst 1953 wurden im Glinzendorfer Teich vereinzelte abgestorbene Teile von Kolonien gefunden, deren Zellen nur mehr die Membran und im völlig hyalinen Innern 1—3 distinkte, optisch dunkle punktartige Körnchen enthielten (Abb. 1 d), deren Zustandekommen nicht ermittelt werden konnte, da Übergangsstadien fehlten. Vielleicht handelt es sich um letale Zustände, etwa nach Passieren eines tierischen Darmes.

Familiae microscopicae, globosae, solidae ad 180 μ diam.; cellulae in stratibus compluribus ordinatae, in muco homogeneo, achroo gelineo irregulariter ± dense dispersae, globosae, 5—6 μ latae, colore protoplasti flavescenti aegre visibili, tamen nunquam coeruleo, aquam luteam tingentes.

Microcystis marginata (Meneghini) Kütz. Abb. 2 a—d.

Nach mehr als achttägiger Eisbedeckung trat in RKNS im Dezember 1953 in geringen Mengen eine *Microcystis* auf, welche

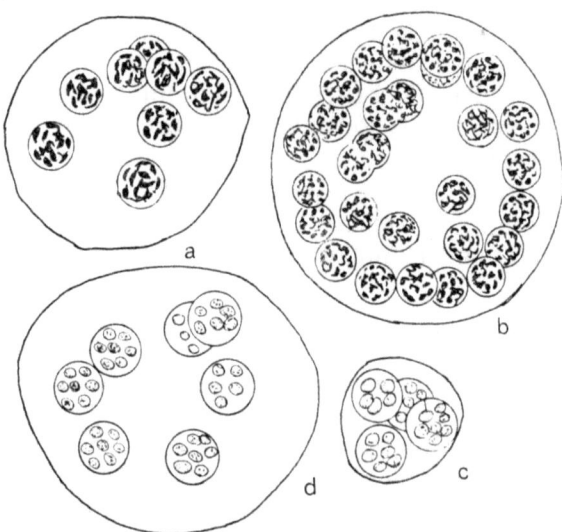

Abb. 2 a—d. *Microcystis marginata* (Menegh.) Kütz. a Lockere Lagerung der Zellen in jüngeren Kolonien; b ältere Kolonie mit normaler Lagerung der Zellen; c, d zwei verschieden alte Kolonien mit Nannocyten. Vergr. 830 ×.

von mir mit *M. marginata* — nicht ganz ohne Bedenken — identifiziert wird. Die Familien sind klein, kugelig bis linsenförmig. Durchbrochene Kolonien wurden nicht gesehen. Darin besteht mit der bei G e i t l e r (1932, 137) enthaltenen Diagnose Übereinstimmung. Auch die gut sichtbare festere Gallerthüllgrenze ist vorhanden. Aber die Gallerte konnte nicht als geschichtet erkannt werden. Auch darin besteht keine Übereinstimmung, daß die Zellen nicht dicht, sondern recht locker gelagert sind (Abb. 2). Die Zellgrößen hielten sich in engen Grenzen zwischen 5,6—6,8 μ. Nur Zellen mit Gasvakuolen traten auf, und etwa ein Viertel aller enthielten Nannocyten. Ihre Bildung zeigte keine Abhängigkeit von der Größe bzw. vom Alter der Kolonien.

Die von der Größe der Kolonien unabhängige lockere Lagerung der Zellen unterscheidet die Art von *M. aeruginosa* und *M. flos-aquae*, ebenso das (wenigstens zur Untersuchungszeit) Nichtvorhandensein von durchbrochenen Kolonien. Lockere Lagerung wird auch für *M. robusta* angegeben, die aber keine Gasvakuolen bildet.

Wenn auch die von Geitler auf Grund der Angaben Lemmermanns und Croows gegebene Artdiagnose dichtere Lagerung bei *M. marginata* angibt, so bleibt doch die dicke deutliche Gallerthülle als gutes Merkmal bestehen. Daher erscheint die Aufstellung einer neuen systematischen Einheit überflüssig. Dazu veranlaßt auch die kritische Einstellung Geitlers (1932, S. 137), zu der von ihm gegebenen Diagnose. Vielleicht trägt mein Fund zur Klärung bei.

Fundort: RKNS. Temperatur 1—4° C. Auch unter Eis beobachtet. Gemeinsam mit reicher Chrysomonaden(Pseudopedinella)-, Chlamydomonas- und Dinoflagellaten-Bevölkerung.

Microcystis argentea n. sp. Abb. 3 a—f.

Kolonien 20—350 μ groß; die Jugend — wie die spezifischen Winterstadien (Abb. 3 f) sind $\pm$ groß und $\pm$ zellenreich, abgerundet, jene mit $\pm$ dichter Lagerung der Zellen; in den Winterstadien sind die Zellen zu einem dichten Haufen zusammengeballt. Die späteren Kolonien zeigen lockere Lagerung der Zellen und eine variable Gestalt, sind durchbrochen bis netzförmig und zerfallen öfters in einzelne Zellhaufen, welche durch die noch $\pm$ gemeinsame Gallerte zusammengehalten werden. Gallerthülle farblos, daher nicht sichtbar, $\pm$ weit abstehend, im Alter am Rande zerfließend. Zellen kugelig, 2,4—3 μ groß, ohne Gasvakuolen; bei Vergrößerungen bis 800 sehen die Zellen silbrigweiß aus und bei weiterer Vergrößerung wird kaum ein Farbton bemerkbar. Bei Vergrößerungen über 1600fach sind locker gelagerte feinste Körnchen zu sehen ohne bläulichen Farbton. Im UV-Licht war kein Chlorophyll nachweisbar. Es ist somit die erste bekannte Cyanophycee ohne Farbstoff; also eine heterotrophe Art.

Vorkommen: WS, oft ganzjährig, bei Temperaturen von 0 bis 27° C, auch unter Eisbedeckung; oft massenhaft. Wien-Glinzendorf, nur in manchen Jahren und untergeordnet, Sommer—Herbst, bei Temperaturen von 15—26° C.

Ähnlich ist *M. stagnalis* Lemm., die nur 1—2 μ große und dicht gedrängte Zellen zeigt mit blaßblaugrüner Färbung. Der große Unterschied in den Zellgrößen macht die Unterscheidung der beiden Arten neben der Färbung leicht.

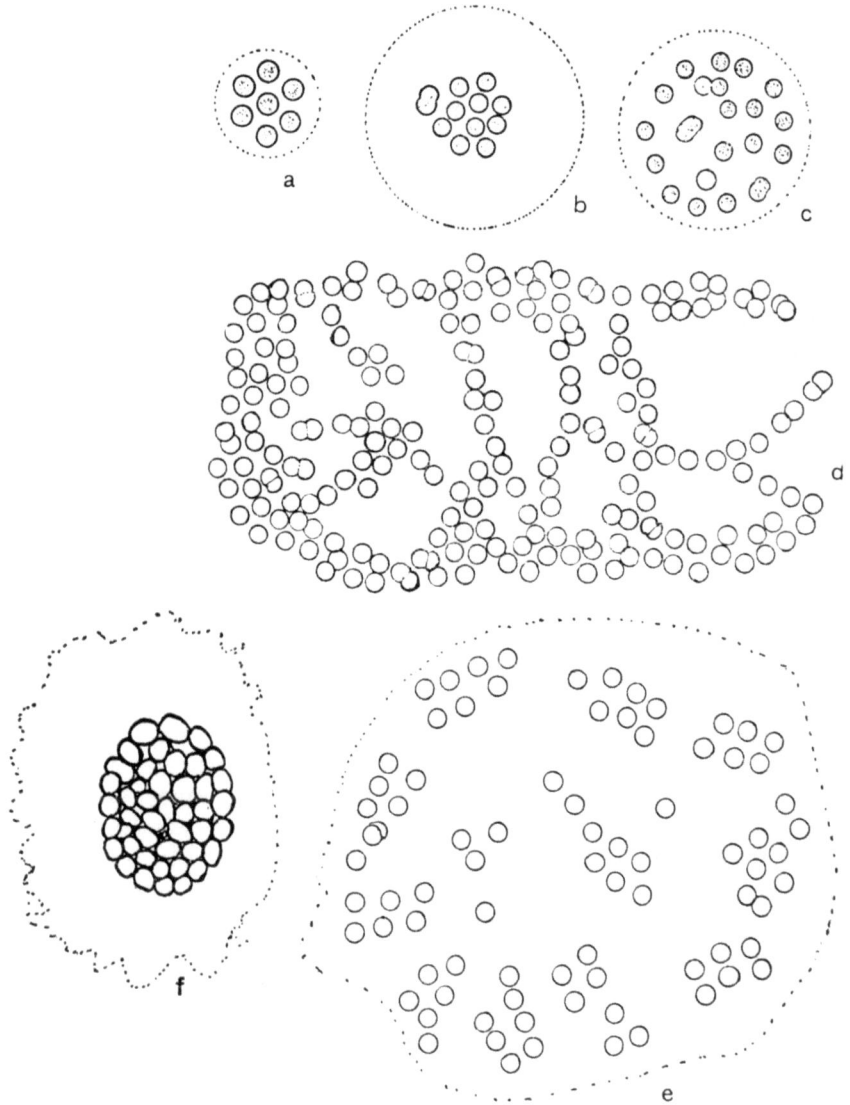

Abb. 3 a—e. *Microcystis argentea* n. sp. a—c Entwicklung junger Kolonien mit weiten Gallerthüllen; d alte durchbrochene Kolonie; e Zerteilung einer alten Kolonie in Zellhaufen. Vergr. a—e 830 ×, f 1250 ×.

In dem bekanntlich abnorm kalten Winter 1953/54 ging der Bestand in WS stark zurück, und die Alge bildete in dem bis fast zum Grunde gefrorenem Biotope im stinkenden Wasser wie im Eise einen erstmalig beobachteten, charakteristischen schon oben erwähnten Winterzustand, in dem die Zellen dicht zusammengeballt und sich dabei etwas gegenseitig abplattend lagen (Abb. 3 f).

Die weite Gallerthülle beweist auch, daß diese so charakteristischen kolonialen Winterformen nicht bloß lebend, sondern auch in einem aktiven Zustande sind. Denn die Gallerte kann ihren Bestand infolge des ständigen Abbaues durch die massenhaft in dem stinkenden Wasser wuchernden Bakterien nur einer ständigen Neuproduktion verdanken. Dies beweisen die äußersten mit dem Wasser in direkter Berührung befindlichen Partien der Gallerte durch ihren zackigen, undeutlichen Verlauf infolge der ständigen Auflösung.

Familiae 20—350 μ, juveniles globosae, $\pm$ magnae, cellulis $\pm$ copiosis, $\pm$ densae. Familiae hibernae $\pm$ rotundatae, cellulis densissime aggregatis. Familiae posteriores cellulis solutis, $\pm$ clathratae ad retiformes, muco gelineo ample cicumdatae. Cellulae globosae, 2,5—3 μ latae, $\pm$ solutae et irregulariter dispersae, apochromaticae, colore argenteo.

Microcystis punctata n. sp. Abb. 4 a, b, c.

Kolonien kugelig, scheibenförmig oder von variabler Gestalt, auch oft zerrissen, 10—350 μ groß. Gallerte farblos, konsistent, ihre Grenzen als distinkt und kaum zerfließend durch Tusche oder Färbung kenntlich und die Kolonien weit umgebend. Zellen 3,5 bis 4,2 μ groß, kugelig, $\pm$ locker liegend, mit einer oder zwei, selten mehr, kugeligen, scharf hervortretenden Gasvakuolen, die nur selten manchen Zellen fehlen. Sie lassen die Zellen wie schwarz punktiert erscheinen. Der Protoplast, nie aber die Zellmembran, zeigt zarte Gelbfärbung. Die Zellen und auch die Kolonien lassen sie weit besser erkennen als bei *Microcystis lutescens*, auch schon bei 600—800facher Vergrößerung.

Vorkommen: WS, Sommer bis Herbst 1953 in großen Mengen bei Temperaturen von 26—20° C, gemeinsam mit *M. argentea*.

Familiae sphaeroideae, disciformes, filiformes vel aliter formatae, clathratae, 10—350 μ, latae longaeque muco gelineo achroo, sat firmo, ample circumdatae, ejus fines solum tinctione visibiles. Cellulae 3,5—4,2 μ diam, globosae, raro subglobosae,

Über Cyanophyceen aus kleinen künstlichen Wasserbecken. 119

± dissolutae, uno vel binis raro pluribus rotundis distinctissime visibilibus vacuolis gaseosis variabili magnitudine praeditae.

Von *M. lutescens* durch die Zellgröße und die wenigen punktförmigen Gasvakuolen leicht zu unterscheiden. Diese schließen

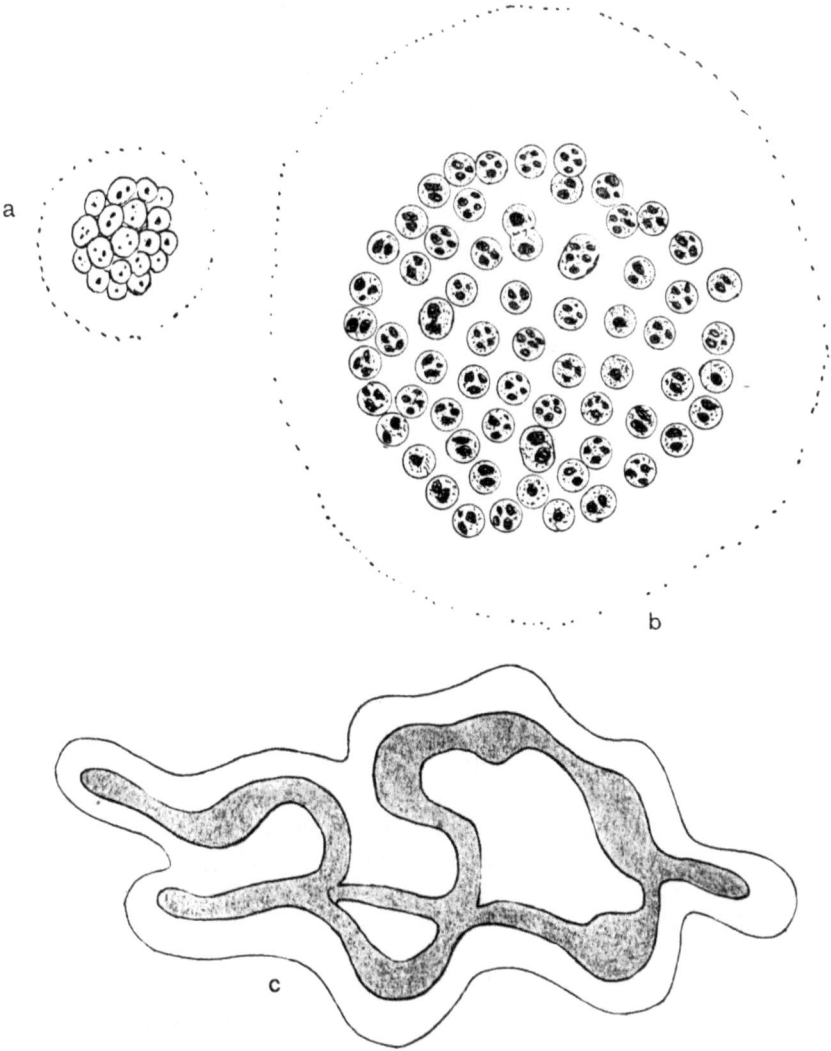

Abb. 4 a—c. *Microcystis punctata* n. sp. a Mikroskopisches Bild einer jungen Kolonie mit den bei 800facher Vergrößerung sichtbaren Zellen; b alte Kolonie mit in einer Ebene liegenden Zellen u. ihren Abständen; c Teil einer alten durchbrochenen, aus bandförmigen Stücken bestehenden Kolonie 570 ×. a, b 830 ×.

jede Verwechslung auch mit allen übrigen bis jetzt bekannten Arten aus.

Aphanocapsa Coordersi Strøm. Abb. 5 a, b.

Diese bisher nur aus Java durch Strøm bekannt gewesene Art lebte im Herbste 1953 in geringer Menge in RKNS.

Die Gallerte war farblos, schwer sichtbar, nicht oder nicht weit von den Randzellen abstehend. Die Größe der jungen Kolo-

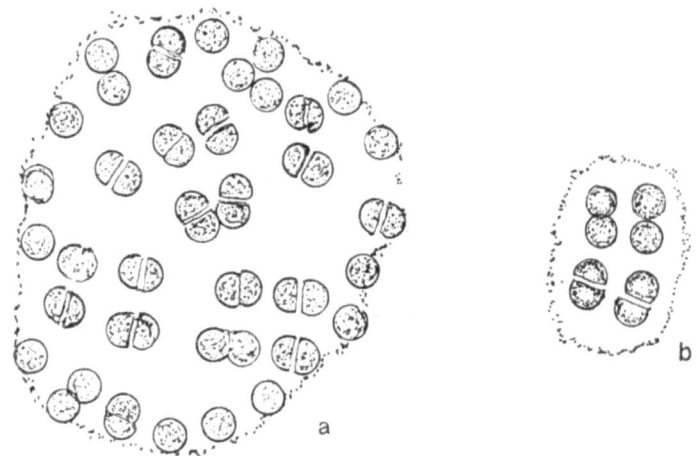

Abb. 5 a, b. *Aphanocapsa Coordersi* Strøm. a Normales Aussehen der Kolonie; b Junge Kolonie mit nur 8 Zellen. 1250 ×.

nien betrug etwa 20 μ, bei erwachsenen älteren bis zu 100 μ. Riesenkolonien 2—3 mm, wie sie *Strøm* angibt, wurden nicht beobachtet, wohl aber die von ihm angegebene kugelige Form, wie auch die Lagerung der Zellen in Vierergruppen. Die Färbung war schön blaugrün und das Chromatoplasma scharf vom Centroplasma durch die intensive Färbung geschieden.

Vorkommen: RSNS. Winter, bei Temperaturen von 0—6° C. Nicht zahlreich.

Aphanocapsa elachista W. et G. S. West. Abb. 6 a—e.

A. Planktische Kolonien. Diese nach *Geitler* bisher nur aus Nordeuropa, Nordamerika und Westindien angegebene Alge habe ich in den in der Einleitung angegebenen Biotopen oft und in verschiedenen Stadien beobachtet. Die Kolonien waren 12—140 μ groß, kugelig, oval bis langgestreckt, im Alter auch netzig durchbrochen. Gallerthülle farblos, meist nicht weit um die Kolonie abstehend. Zellen in den kleinen (jungen) Kolonien dichter mit zunehmender Größe der Familien lockerer gelagert, 1,8—2,2 μ groß, sphärisch, in der Jugend zart blaugrün, später mit sehr zartem bläulichem Farbton oder fast farblos. Bei 1600facher Vergrößerung sind feinste, locker gelagerte Körnchen unterscheidbar.

B. In und auf der Gallerte von *Microcystis lutescens*, epi- und endophytisch.

Mit Bezug auf die Größe, die gleich schwache bzw. auch fehlende Färbung, die lockere Lagerung der Zellen halte ich die

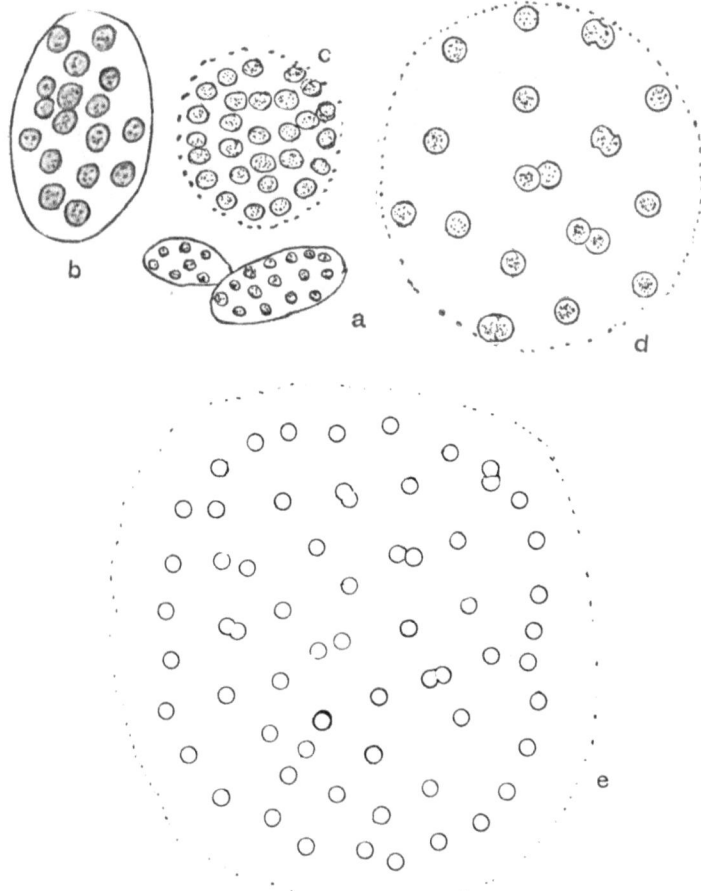

Abb. 6 a—e. *Aphanocapsa elachisla* W. et G. S. West; a, b zwei ganz junge Kolonien; c, d zwei junge Kolonien in lebhafter Entwicklung; d eine normale jüngere, e eine alte Kolonie. Vergr. a 800 ×, b—d 1250 ×, e 830 ×.

oft auf *Microcystis lutescens* wie auch auf *M. flos-aquae* lebenden Zellen (Abb. 1) für identisch mit *Aphanocapsa elachista*. Bei dieser Art konnte auch das rasche Auseinanderweichen der Tochterzellen sofort nach der Teilung beobachtet werden. Daher kommen Zweier- oder Vierergruppen nicht vor. Die Beobachtung war einwandfrei in Präparaten möglich, deren Deckgläschen am Rande einen Fettrand erhielten, so daß das Wasser nicht verdunstete und jede Bewegung der Kolonien unmöglich war. Es konnte also das Mikroskop auf die einzelne Zelle eingestellt und die Bewegung laufend kontrolliert werden. Bei Temperaturen von 18—20° C waren die Tochterzellen bereits in etwa $^1/_2$ Stunde um ihren Durchmesser voneinander entfernt. In jüngeren Kolonien war die Bewegung schneller als in den alten. Die Frage, ob hier eine aktive oder passive Bewegung vorliegt, wird in der Einleitung behandelt.

C. Isoliert planktisch lebende Zellen. In frisch geschöpften und zentrifugierten Wasserproben mit Kolonien von *Aphanocapsa elachista* und *Microcystis lutescens* konnten nach Zentrifugierung stets auch viele freilebende Einzelzellen gefunden werden, an denen bei Behandlung mit Tusche zarte Gallerthüllen mehrfach bemerkbar waren. Aus ihnen gehen die kleinen, zunächst aus wenigen Zellen bestehenden Kolonien hervor.

Dieser Art teilt Geitler (1932, 156, 157) 3 Varietäten zu, von denen die eine, var. *irregularis*, nicht freischwimmend ist, größere Zellen und dichtere Lagerung hat. *A. elachista* kann daher als Sammelart angesehen werden. Dafür spricht auch die weite geographische Verbreitung in warmen und kalten Zonen.

Vorkommen: RKNS, WS, WG. Sommer bis Herbst; oft reichlich.

Aphanocapsa delicatissima W. et G. S. West. Abb. 7 a—h.

Die von ihr gebildeten Kolonien sind je nach Alter und dementsprechender Größe, ebenso nach der Lagerung der Zellen recht verschieden. Die Zellen sind in den jungen in Entwicklung begriffenen Kolonien (Abb. 7 a—d) dichter gelagert und deutlich blaugrau gefärbt. Mit der Größenzunahme der letzteren wird die Lagerung rasch locker bis sehr locker (Abb. 7 e—h), und die Zellen verlieren fast ganz ihre Färbung. Der Gallertmantel umgibt die jungen Kolonien noch eng, wird aber dann weiter und löst sich zerfließend in viele Zipfel auf (Abb. 7 h). Die Gallerte ist aber von Anfang an weich.

Vorkommen: An allen drei Beobachtungsorten wie in vielen kleinen eutrophen Teichen der näheren wie weiteren Umgebung

Wiens. Bei *Geitler* ist (l. c. 157) diese Art nur aus Seen Englands, Norwegens und Nordamerikas angegeben.

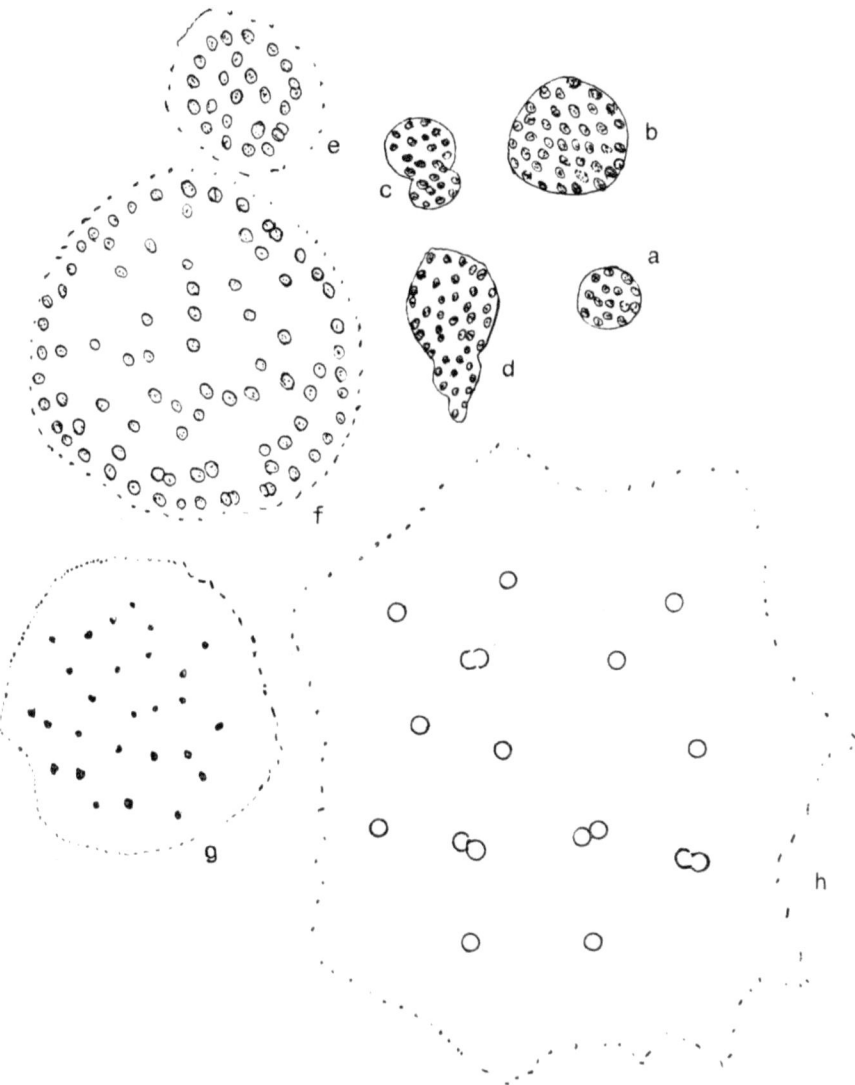

Abb. 7 a—h. *Aphanocapsa delicatissima* W. et G. S. West. a—e Junge wachsende und sprossende Kolonien mit sichtbaren Gallertgrenzen und dicht gelagerten Zellen; f entwickelte Kolonie mit bereits locker gelagerten Zellen; g Ansicht bei schwacher Vergrößerung; h normale Kolonie. Vergr. a—f, h 1250×, g 350×.

Aphanothece viennensis n. sp. Abb. 8 a.

Kolonien 20—150 μ groß, Gallerte unsichtbar, unregelmäßig ausgebreitet, am Rande zerteilt und zerfließend, bisweilen innerhalb der Gallerte kleine Nester neuer Kolonien. Zellen gerade, zylindrisch, an den Enden gerundet, 1—1,2 μ breit, 3,2—4,2 μ

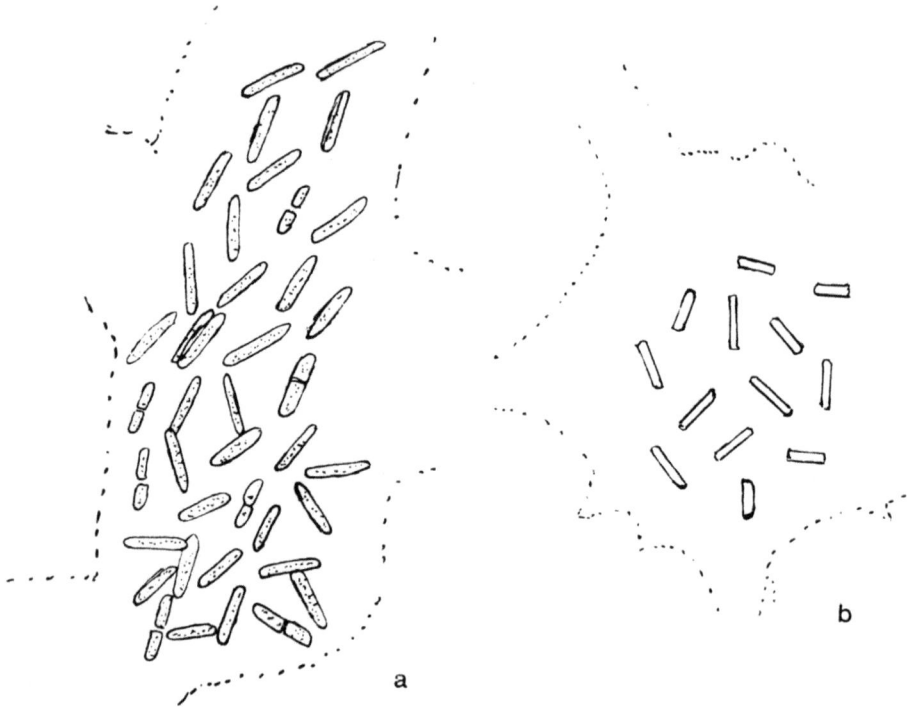

Abb. 8a. *Aphanothece viennensis* n. sp. 250 ×. b. *Aphanothece gracilis* n. sp. 1250 ×.

lang, daher 2,8—3mal länger als breit, locker gelagert; Färbung nicht unterscheidbar; sie muß als farblos angesehen werden.

Vorkommen: WS, Sommer bis Herbst, 1952 sehr häufig. Temperatur 21—27° C.

Koloniae 20—150 μ, muco gelineo incolorato vix visibili, margine diffluente. Cellulae rectae, cylindraceae, 1—1,2 μ latae, 3,2 bis 4,2 μ longae, 2,8—3 duplo longiores, solutae, incoloratae.

Diese Art lebte in großen Mengen in dem Betonbecken WS. Alle Kolonien waren von einer erst durch Tusche sichtbar werdenden Gallerte umgeben, deren Rand so stark zerfloß, daß er kaum kenntlich war. Überraschend war die Farblosigkeit der Zellen. Denn selbst bei starken Vergrößerungen ließ sich keinerlei Farbton erkennen. Die Bemerkung *Geitlers* (1936, S. 1), daß farblose Cyanophyceen noch nicht beobachtet wurden, wird eingeschränkt werden müssen.

Aphanothece gracilis n. sp. Abb. 8 b.

Kolonien 30 bis 100 μ groß, in der Form unregelmäßig, oft zerteilt; Gallerte farblos, mit direkt nicht oder schwer sichtbaren Grenzen. Zellen 0,8—1 μ groß, 3,2—4,2 μ lang, zylindrisch, gerade, locker gelagert, blaßblaugrün bis fast farblos.

Vorkommen: SP, Sommer bis Herbst. Untergeordnet.

Koloniae 20—100 μ, variabili forma, saepe variabiliter divisae, mucus incoloratus, marginibus vix visibilibus. Cellulae 0,8 bis 1 μ latae, 3,2—4,2 μ longae, cylindraceae, rectae, solutae, colore glauco-viridescenti, ad fere incoloratae.

Von der in der Zellgröße ähnlichen *Aphanothece clathrata* W. et G. S. West ist sie durch die lockere Lagerung der Zellen gut unterschieden. Sie ist aber sehr variabel. Daher kann eine Abart in den Formenkreis von *A. clathrata* fallen.

Gloeocapsa attingens n. sp. Abb. 9 a—d.

Zellen kugelig, mit dem Protoplasten stets einseitig die Hülle tangential berührend, 2—2,8 μ groß, blaugrün gefärbt, Durchmesser der Zellhülle 4,8—5,4 μ. Die Kolonialhüllen (1 oder 2) umgeben weit die Zellen; Hüllen farblos, ungeschichtet.

Vorkommen: RKNS. WS, Sommer bis Herbst. Einmal auch im Dezember unter Eis. Stets vereinzelt. Temperaturspanne 1—24° C.

Cellulae globosae, protoplasto semper involucrum uno loco tangentes, 2—2,8 μ latae, aeruginosae, involucrum cellulae 4,8 bis 5,4 μ diam. involucra coloniarum (1—2) $\pm$ lata, incolorata non stratosa.

Man sah oft einzelne (1—4) Zellen mit ihrer Hülle außerhalb ihrer Kolonialhülle liegen (Abb. 9 c, d) und so die Kolonie verlassen. Aus solchen Flüchtlingen gingen jedenfalls die kleinsten zweizelligen Kolonien hervor, die zur Beobachtung kamen. Die austretenden Zellen haben zweifellos ein Bewegungsvermögen, offenbar ein autonomes, da Bewegungen der Gallerte infolge der umschließenden Hülle nicht möglich sind. Wie aber kommt es, daß nie Durchtrittsstellen in der Hülle bemerkbar waren, selbst wenn die ausgetretene Zelle außen noch direkt der kolonialen Hülle anlag, sich also noch nicht weiter bewegt hatte wie in Abb. 9 c? Es kann daher angenommen werden, daß die Koloniehüllen, die nach dem Durchschlüpfen der Zelle sich durch ihre Kohäsionskraft wieder lückenlos schließen, nur einen konsistenteren Zustand der Gallerte darstellen. Offenbar erleidet dabei auch die Zellmembran keine merkbare oder bleibende Deformierung.

Das Bewegungsvermögen der Zellen ist von prinzipieller Bedeutung, weil es ein nach außen gerichtetes, fast möchte man sagen „zielstrebiges", mit der Vermehrung der Kolonien koordiniertes ist. (Siehe auch die Einleitung!)

Gloeothece distans Stitzenb. Abb. 10.

Geitler bezeichnet (1932, 220) diese Art als sehr fraglich. Die von mir gefundenen Kolonien waren sehr einheitlich. Sie stimmen nur einigermaßen mit den dortigen Angaben überein. Die Zellen maßen 3,2—4,5 μ in der Breite und 6,4—8 μ in der Länge. *Geitler* gibt 2,5—4 μ an, ohne nähere Anführung von Breite und Länge. Die Zellfamilien erreichten Größen bis 30 μ und bestanden aus 4—8 Zellen. Die Farbe war blaugrün.

Die ähnliche *Gloeothece rupestris* hat zwar gleich breite, doch längere Zellen. Sie ist eine festsitzende, auch in Warmhäusern lebende Art.

Vielleicht trägt mein Fund zur Klärung der Art bei.

Vorkommen: RKNS. Herbst bis Winter, auch unter Eis.

Merismopedia tenuissima Lemm.

Diese Art trat von August bis zum Winter mit einem Maximum im September (1951), um diese Zeit eine blaugrüne Wasserblüte bildend, in großen Mengen auf. Die Kolonien wurden von 8 bis über 100 Zellen gebildet. Die Zellen maßen 2 μ, ihre Farbe war zart blau, die Gestalt kurz zylindrisch bis fast kurz ellipsoidisch. Spezialhüllen wurden keine gebildet. Die größeren Kolonien waren stets gefaltet oder eingerollt, die Gallerte unsichtbar, zerfließend.

Vorkommen: RKNS. August bis Dezember, im August bis September bei Temperaturen von 26—28° C eine Wasserblüte bildend.

Merismopedia punctata Meyen.

Die Zellen zeigten etwas größere Dimensionen als Geitler (1932, 263) offenbar nach der Originaldiagnose von Meyen anführt; sie waren 2,8 μ breit, 5,4 μ lang, gegenüber 2,5—3,5 μ. In der Gestalt besteht Übereinstimmung.

Vorkommen: Wie bei voriger Art, doch untergeordnet.

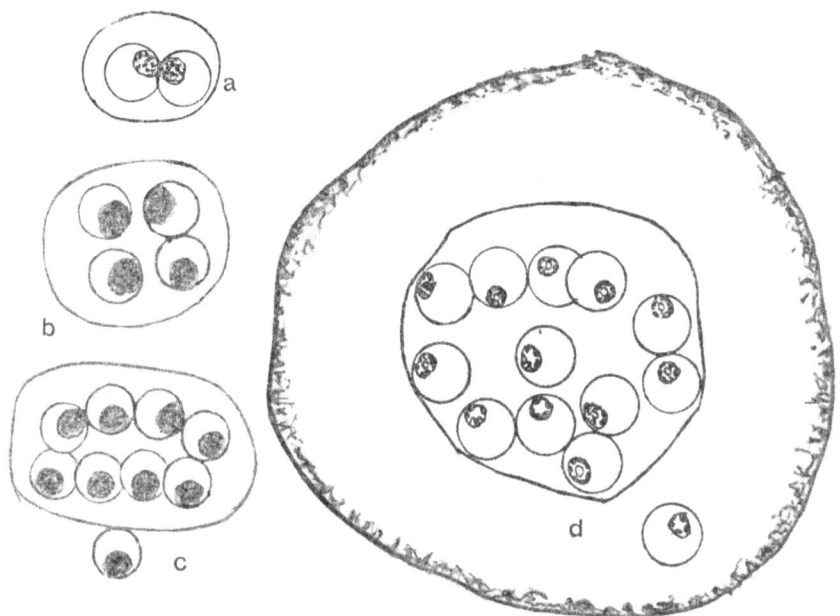

Abb. 9 a—d. *Gloeocapsa attingens* n. sp. 1250 ×. Verschieden alte Kolonien; bei c und d einzelne, aus dem Familienverbande sich aktiv nach außen durch die Gallerthüllen bewegende Zellen, Mutterzellen neuer Kolonien.

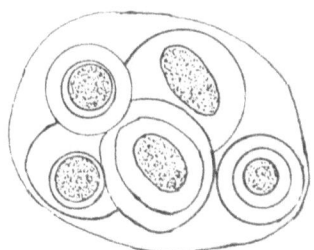

Abb. 10. *Gloeothece distans* Stitzenb. 1250 ×.

Merismopedia rectangularis n. sp. Abb. 11 b.

Zellen 1,2 μ breit, 3,2 μ lang, also 2,7mal länger als breit, blaßblau. Kolonien zu je vier Zellen, diese durch einen größeren Zwischenraum voneinander getrennt, ohne sichtbare Gallerthüllen; ohne Gasvakuolen.

Vorkommen: RKNS. Meist im Herbste; zahlreich.

Zellulae 1,2 μ latae, 3,2 μ longae, itaque 2,7 duplo longiores quam latae, rectangulares, tenere violaceae, libere natantes, sine vacuolis gaseosis, coloniae 4 cellulares, majores colonias formantes; mucus non visibilis; sine velamenta specialia.

Die Gestalt der Zellen als Kurzstäbchen macht sie in der Gattung auffällig und schließt Verwechslungen aus, wenn auch, worauf G e i t l e r (1932, 259) hinweist, Zellen in der Jugend rechteckig sein können.

Merismopedia minima G. Beck. Abb. 11 a.
(Syn. *Tetrachloris merismopedioides* Skuja.)

Diese Art trat oft in allen hier besprochenen Biotopen auf. Die ungefähr kugeligen Zellen maßen 0,5—0,7 μ. Die Färbung war je nach dem Chemismus der Biotope etwas verschieden, wobei mit Rücksicht auf die Kleinheit der Zellen auch rein optische Effekte

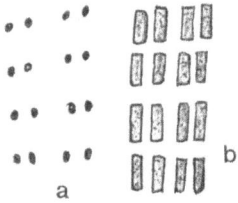

Abb. 11 a. *Merismopedia minima* G. Beck 1250 ×. Teilansicht aus einer großen Kolonie. b. *Merismopedia rectangularis* n. sp. 1250 ×.

mitspielen können. In RKNS sehr zart bläulich, in WS fast farblos bis undeutlich graubläulich, WG mit seiner hohen Eutrophie infolge geringen Jauchezuflusses farblos bis gelblichgrün. In diesen verschiedenartigen Biotopen traten kleine, lockere wie auch etwas dichtere Kolonien in stets farbloser, direkt nicht wahrnehmbarer, wenig entwickelter Gallerte auf.

Vorkommen: In allen vier Fundorten wie auch in anderen kleinen eutrophen Teichen der näheren Umgebung Wiens. Die Alge entgeht infolge ihrer Kleinheit leicht der Beobachtung.

Die Vereinigung von *Tetrachloris merismopedioides* Skuja mit *Merismopedia minima* ist durch folgendes begründet. S k u j a betont (Taxonomie, S. 27), daß die gelbgrüne Färbung für die Aufstellung der neuen Art den Ausschlag gab. Und so reihte er sie in die Gruppe der *Cyanochloridinae-Chlorobacteriaceae* Geitler-Pascher (Die Süßwasserflora, H. 12, S. 451), die nichts Einheitliches bietet. Damit gab nicht eines der eindeutigsten Gattungsmerkmale der Cyanophyceen den Ausschlag, wie es *Merismopedia* durch die Teilung und die Kolonieform repräsentiert, sondern die

variable, bei vielen Arten wenig wertende Färbung. S k u j a gibt
den Farbton (l. c. S. 27) als „pallidissime luteoviridis vel fere
hyalinus" an. G e i t l e r und P a s c h e r betonen (l. c. 452), daß
die „gelb- und fahlgrünen Formen durch alle Übergänge mit deutlich blaugrünen Typen verbunden sind. Außerdem gibt es richtiggehende Cyanophyceen mit morphologisch sehr charakteristischer
Gestalt, die ebenfalls dieselben gelbgrünen Töne haben wie die
Cyanochloridinae-Chlorobacteriaceae. Daher faßt P a s c h e r
(l. c. S. 452) die Gruppe „als Seitenzweige sehr verschiedener
Cyanophyceen auf, welche Phykocyane nur mehr in geringen
Mengen ausbilden". Zudem betonen beide Autoren, daß „das einzige Unterscheidungsmerkmal, die Farbe, oft sehr schwankend und
subjektiv ist". Aus den allgemeinen Ausführungen der beiden
Autoren geht klar hervor, daß sie die Aufstellung der Gruppe der
Cyanochloridinae-Chlorobacteriaceae nur als eine zeitbedingte
Notlösung betrachten.

Ich hätte daher meine Form auch bei ausschließlicher gelbgrüner Färbung mit Rücksicht auf die Morphologie und Entwicklung der Zellen und Kolonien zur Gattung *Merismopedia* gegeben.
also zu den Cyanophyceen, statt zu einer noch der Klärung bedürftigen Gruppe.

Merismopedia glauca (Ehrenb.) Näg.

Das Aussehen der Kolonien wie Zellen stimmte mit der Beschreibung bei G e i t l e r, 1932, S. 264, überein.

Vorkommen: RKNS. Bei wochenlanger Eisbedeckung und
Temperaturen von 0,5° C spärlich.

Synechocystis aquatilis Sauvageau. Abb. 12 a.

Zellen einzeln oder noch kurz nach der Teilung zu zweien
oder, bei lebhafter Vermehrung genähert, zu dreien frei schwimmend. Koloniebildung wurde nicht beobachtet. Die Zellen sind
5,5—6,5 μ groß, schwach blaugrün gefärbt, ohne Gallertmantel,
soweit bei zahlreichen und mehrjährigen Beobachtungen bemerkt
werden konnte. Gasvakuolen nicht beobachtet.

Vorkommen: RKNS. Während der wärmeren Jahreszeit.
Untergeordnet, aber ständig.

Es bestand nie ein Zweifel, daß ich die von S a u v a g e a u
in einem Bache in Algier gefundene Form vor mir hatte. Es kann
sich auch nicht um *Synechocystis crassa* Woronichin handeln, die
bis zu 20 Zellen in kaum sichtbarer Schleimhülle lebt.

Synechocystis Pevalekii Ercegović. Abb. 12 b.

Zellen 3—3,6 μ groß, kugelig, zart blau gefärbt und mit einer dünnen Schleimhülle umgeben, in kleinen Familien bis zu etwa 20 Zellen lebend, die locker gelagert und durch eine dünne, wenig sichtbare Schleimhülle miteinander vereinigt sind. Doch konnte eine gemeinsame, alle Zellen der kleinen Familien außen umschließende Gallerthülle nicht beobachtet werden.

Vorkommen: WS. Herbst bis Winter. Vereinzelt.

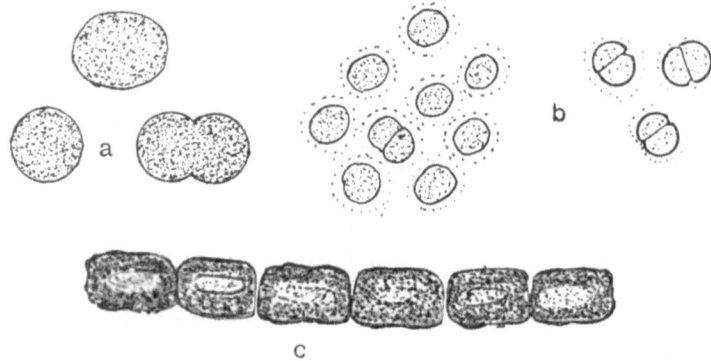

Abb. 12 a. *Synechocystis aquatilis* Sauvageau. 1250 ×. b. *Synechocystis Pevalekii* Ercegović. 1250 ×. Zellen mit zarter Schleimhülle. c. *Borzia Starkii* n. sp. 1250 ×.

Diese bisher nur einmal beobachtete Art identifiziere ich mit S. Pevalekii, die bisher nur im Schleim epilithischer Algen an Felsen in Kroatien beobachtet wurde. Der Autor konnte daher kaum die allenfalls vorhandene zarte, dünne Schleimhülle um die Zellen sehen. Algen und besonders Blaualgen mit terrestrischer wie planktonischer Lebensweise sind bekannt.

Borzia Starkii n. sp.[1]. Abb. 12 c.

Trichome lebhaft schwimmend, an den Querwänden tiefer und relativ breit eingekerbt, meist 6zellig, 82—110 μ lang; Zellen 7,8 bis 9 μ breit, 12—15 μ lang, blaugrün. Chromatoplasma vom ungefärbten Zentroplasma scharf abgesetzt.

Vorkommen: RKNS. Sommer 1952. Vereinzelt. Temperatur 20—27° C.

---

[1] Nach meinem verstorbenen Jugendfreunde M. S t a r k benannt, seinerzeit o. Prof. der Mineralogie an der Deutschen Universität in Prag, mit dem mich botanische Interessen verbanden.

Trichomata solitaria, libere et celeriter natantia, recta, inter cellulas profunde constricta, 82—110 μ longa, plerumque 6 cellularia, cellulae 7,8—9 μ latae, 12—15 μ longae, cylindraceae, saepe media parte paulo constrictae.

Die Geschwindigkeit der Bewegung, mit der die Trichome geradlinig und ohne Stillstand das Gesichtsfeld durchschwammen, war geradezu ein Ereignis für mich. Bisher hatte ich bei Hormogonien nur langsame, unterbrochene, zögernde Kriechbewegungen gesehen, die aussahen, als wüßten sie nicht, ob sie sich bewegen sollten oder nicht. Hier aber schwammen die Trichome mit oft größerer Geschwindigkeit in geradliniger Fahrt und in 1 bis $1^{1}/_{2}$ Sekunden schneller durch das Gesichtsfeld als *Euglena acutissima* oder *Coleps hirtus*, die das gleiche Präparat mitbevölkerten.

G e i t l e r (1932, 915) spricht den Verdacht aus, daß die zwei bisher angegebenen Arten *B. trilocularis* Cohn und *B. susedana* Ercegović keine selbständige Formen, sondern nur Hormogonien anderer Arten seien. Meine Art hat große Ähnlichkeit mit *Pseudanabaena constricta* (Szafer) (G e i t l e r 1942, 221), welche Art auf Faulschwamm in Europa verbreitet ist. Daher suchte ich nach ihr an den Wänden der beiden kleinen Bootshäfen des Kanals wie auch im Schlamm, der in geringer Menge durch badende Jungen ins Wasser kam. Es gelang weder die Auffindung einer *Anabaena* noch einer hormogonalen Art. Damit soll aber keineswegs das eventuelle Vorkommen von solchen am Fundorte verneint werden.

Coelosphaerium Geitleri n. sp. Abb. 13.

Kolonien 15—30 μ groß, im Durchschnitt 20 μ, mit eng anliegender zarter Gallerthülle. Zellen birn- bis keilförmig, dicht gedrängt, mit dem spitzen Ende nach innen gewendet, das äußere schön gerundet, 2,8 μ breit, 4—5 μ lang, also etwa 1,8mal länger als breit, in einer einzigen peripheren Schichte geordnet, so daß eine Hohlkugel sich ergibt; blau gefärbt, ohne Spezialhüllen und ohne Gasvakuolen.

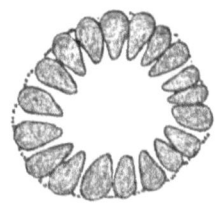

Abb. 13. *Coelosphaerium* Geitleri n. sp. 1250 ×.

Fundort: RKNS. Vereinzelt, in der kälteren Jahreszeit; auch im Winter unter Eis.

Eine typische Art, welche durch die Birnform der Zellen und deren streng periphere Anordnung keine Verwechslung zuläßt. Der zentrale Hohlraum war immer scharf ausgebildet.

Coloniae ± sphaericae, 15—30 µ diam, muco gelineo angusto; cellulae pyriformes ad cuneiformes, peripherice confertae, mucrone intus spectanti, 2,8 µ latae, 4—5 µ longae, coeruleae, sine vacuolis gaseosis et tegumentis propriis.

Spirulina major Kütz. Abb. 14 a.

Die von mir zu verschiedenen Zeiten gefundenen Individuen zeigten keine Variabilität und fallen in den Größenbereich der Art. Ich stelle die von mir gefundenen Maße den für *Sp. major* angegebenen gegenüber: Trichome 1 µ dick — 1—2 µ —, Windungen 2,4 µ breit — 2,5—4 µ —, 2,6—3,2 µ voneinander entfernt — 2,7—5 µ —. Die Trichome sind 40—160 µ lang. Diese geringen Größenunterschiede lassen die Identifizierung der von mir gefundenen Individuen mit *Sp. major* gewiß zu.

Vorkommen: RKNS. Herbst bis Winter. Untergeordnet.

Phormidium antarcticum W. et G. S. West. Abb. 14 b.

Die Trichomzellen sind 1—1,2 µ lang wie breit; die Trichome freischwimmend, ± locker und ± regelmäßig schraubig gewunden, Scheiden undeutlich, an den Enden nicht verjüngt. Mit der Be-

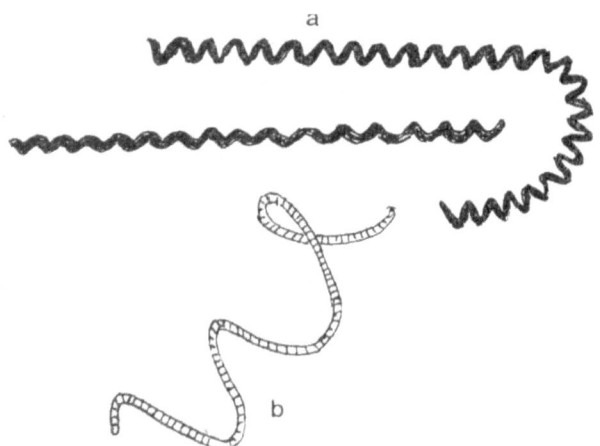

Abb. 14 a. *Spirulina major* Kütz. 1250 ×.
b. *Phormidium antarcticum* W. et G. S. West. 1250 ×.

schreibung und den Angaben von W. et G. S. West besteht soweit Übereinstimmung, daß ich meinen Fund mit obiger Art für übereinstimmend halte, wenn auch die Art bisher nur aus der Antarktis bekanntgeworden ist, wo sie in stehendem Wasser gefunden wurde.

Vorkommen: RKNS. Herbst bis Winter. Vereinzelt.

Rhabdoderma lineare Schmidle et Lauterborn. Abb. 15 a.

Die Breite der von mir beobachteten Zellen betrug 1,6—2 μ, die Länge 5—10 μ. Diese Werte liegen nicht weit entfernt von den Größenangaben der beiden Autoren. Auch waren die Zellen gerade oder nur leicht gekrümmt, ihre Farbe blaugrün und die Gallerte

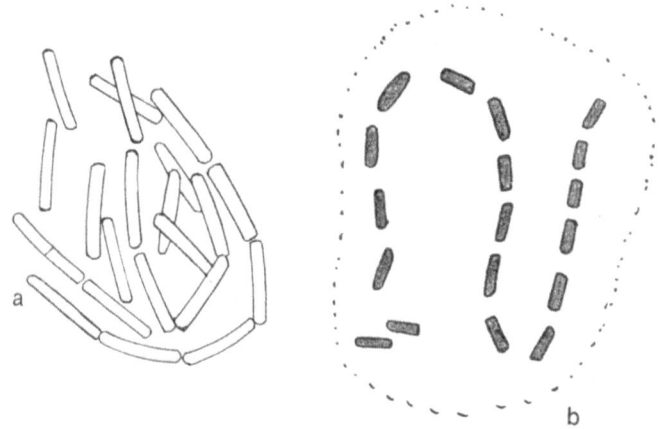

Abb. 15 a. *Rhabdoderma lineare* Schmidle et Lauterborn. 1250 ×.
b. *Rhabdoderma lineare* var. *spirale* Wolosz. 1250 ×.

wenig sichtbar. In den beobachteten Kolonien lagen zwischen 5 bis 15 Zellen. Planktonisch.

Vorkommen: WS. Herbst bis Winter. Selten.

Rh. lineare var. *spirale* Woloszynska. Abb. 15 b.

Die von Woloszynska gegebene Beschreibung wie Abbildung stimmen mit meinen Beobachtungen überein. Insbesondere sah die Autorin auch die spiralig gereihten Zellen mit kleinen Zwischenräumen aufeinanderfolgen, die bei meinen Pflanzen weiter waren.

Doch habe ich einige Zweifel, ob die Zusammengehörigkeit von Hauptart und Varietät besteht. Mein Material reichte zur Behebung der Zweifel nicht aus.

Vorkommen: WS. Herbst bis Winter. Selten.

Alternantiaceae n. fam.

Zellen stäbchenförmig, Umriß rechteckig, mit meist hyalinen Zwischenräumen, die rechten und linken Ecken alternierend übereinanderstehend, Zellreihen bildend, auch mit Scheinverzweigung oder mit Zelltafeln. Farbe bläulichgrau.

Cellulae bacilliformes, rectangulares, intervallo hyalino sese sequentes, angulus dexter et sinister alius super alium alternanter stat, familias seriatas, raro pseudoramosas aut tabulares formantes.

Alternantia n. gen.

Diagn. fam.

Alternantia serra n. gen. n. spec. Abb. 16 a.

Zellen in der Gestalt von rechteckigen Kurzstäbchen mit scharfen Kanten, 3,5—4 μ lang, 0,9—1,4 μ breit, mit ± engen hellen Zwischenräumen aufeinanderfolgend in der Weise, daß die Zellen einander nicht mit der ganzen Schmalseite, sondern nur mit einem Eck so genähert sind, daß das linke obere Eck einer jeden Zelle über dem rechten unteren Eck der nächsten steht, so daß das Bild einer zweiseitigen Säge mit schiefstehenden Zähnen entsteht. Zellen gleichmäßig blaßblaugrau gefärbt. Die Zellreihen sind in farblose Gallerte gehüllt, welche ihre Grenze schwach erkennen läßt; sie werden von 4 bis 32 Zellen mit einer annähernden Länge bis zu 120 μ gebildet.

Cellulae bacilliformes, rectangulares, libere natantes raro benthonicae, 0,9—1,4 μ latae, 3,5—4 μ longae, tenere griseoglaucae, serratae ad familias filiformes, 4—16 cellulares, intervallo sequentes, modo, angulus sinister cujusque cellulae sub angulo dextro superioris cellulae stat; filamenta 4—16 cellulas, 16—64 μ longitudinem, et tegumentum gelineosum tenerum distinctum habentia.

Vorkommen: Springer-Park, Beton-Badeteichbecken mit viel faulendem Laub, 20. X. 1951.

Alternantia Geitleri n. gen. n. spec. Abb. 16 b.

Familien von einer zickzackförmig gereihten Zellreihe oder von zwei paarweise stehenden und zickzackförmig gereihten Zellreihen gebildet, die von einer gut sichtbaren, ungefärbten, den Zellreihen eng anliegenden Gallerte umschlossen werden. Zellen bläulichgrau bis fast ungefärbt, 0,5—1 μ breit. 3,6 μ lang, stäbchenförmig, mit rechteckigen, ± ebenen Endflächen, schief stehend, ab-

Über Cyanophyceen aus kleinen künstlichen Wasserbecken. 135

wechselnd das rechte obere Zelleck über dem linken unteren der darüberstehenden Zelle stehend und so weiter, wobei eine Zickzackform entsteht.

Vorkommen: WS. Zugleich mit der vorigen Art.

Cellulae bacilliformes, 0,5—1 μ latae, 3—6 μ longae, rectangulares, griseo-glaucae ad fere achroae, uni vel bini (geminatae), seriatae, oblique alternantes, eo modo, ut angulus superior dexter stat infra angulum sinistrum inferiorem cellulae sequentis, et

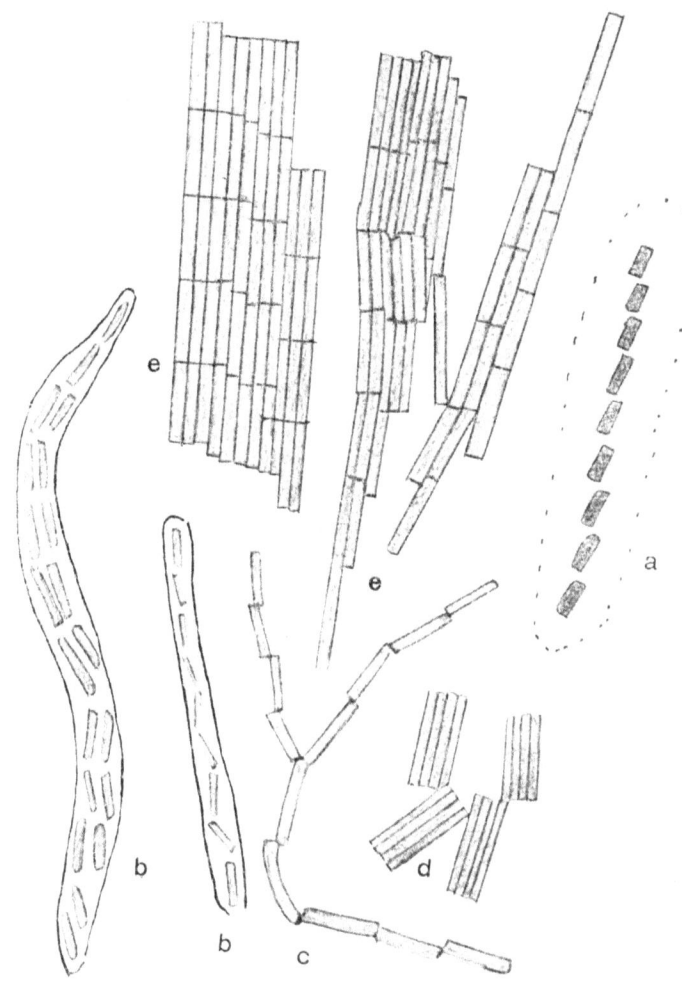

Abb. 16 a. *Alternantia serra* n. g. n. sp. 1250 ×. b. *Alternantia* Geitleri n. g. n. sp. 1250 ×. c. *Alternantia ramifera* n. g. n. sp. 1250 ×. d. *Alternantia quadriga* n. g. n. sp. 1250 ×. e. *Alternantia tabularis* n. g. n. sp. 1250 ×.

cetera. Cellulae oblique ad dextram vicissim ad sinistram spectantes. Familiae ± longae, muco gelineo achroo bene visibili circumdatae.

Alternantia ramifera n. gen. nov. sp. Abb. 16 c.

Kolonien aus verzweigten Zellreihen gebildet; Gallerte nicht beobachtet. Zellen stäbchenförmig, rechteckig, 6—11 μ lang, 1,2 μ breit. Die Zellen berühren alternierend einander mit der linken und rechten Zellecke, so daß nicht gerade, sondern etwas zickzackförmige Zellreihen entstehen. Farbe blaßgrau bis blaßbläulichgrau. Zellinhalt homogen.

Vorkommen: WS. 20. X. 1951. Mit viel faulendem Laub.

Cellulae seriatae, alternantes, bacilliformes, rectangulares, 6—11 μ longae, 1,2 μ latae, sese attingentes alterne sinistro et dextro angulo cellularum et cetera, et ultro citroque spectantes, colore griseo-coerulescentes vel tenere griseo; protoplastus homogeneus.

Alternantia quadriga n. gen. nov. sp. Abb. 16 d.

Familien wenigzellig, freischwimmend; auch benthonisch, Zellen stäbchenförmig, rechteckig, 0,7—1 μ breit, 7—8 μ lang, blaßblaugrau, zu vieren (Viergespanne) tafelförmig beisammen. Die Viergespanne berühren einander abwechselnd rechts und links mit den Ecken der Seitenzellen, so daß ein Zickzackmuster entsteht.

Familiae parvae, libere natantes et benthonicae. Cellulae bacilliformes, rectangulares, 0,7—1 μ latae, 7—8 μ longae, tenere griseo-coerulescentes, quadernatim, raro octernatim dense tabulariter confertae, alterne sinistro et dextro angulo sese attingentes et ultro citroque colocatae. Mucus gelineus vix visibilis.

Vorkommen: WS. 20. X. 1951. Mit viel faulendem Laub.

Alternantia tabularis n. gen. n. sp. Abb. 16 e.

Zellen stäbchenförmig, 0,9—2 μ breit, blaßblaugrün, nicht einzeln, sondern in tafelförmigen einschichtigen Kolonien von verschiedener Größe lebend. Gallerte schwer sichtbar und am Rande zerfließend, eng die Verbände umgebend.

Vorkommen: Wie bei voriger Art.

Cellulae bacilliformes, rectangulares, 0,9—2 μ latae, 8—9 μ longae, pallide griseo-coerulescentes, familias longas latasque tabulaeformes, unistratosas formantes, gelineo aegre visibili et difluente colonias anguste circumdante.

Anhang: *Chlamydobacteriaceae.*
Leptothrix tenuissima Skuja. Abb. 17.

Die Fäden waren stets unverzweigt, die Scheiden gelbbraun gefärbt, bis 8 μ breit; die Trichome hatten eine Breite von 0,8 bis 1 μ. Zellgrenzen durch die gelbbraune Farbe der Scheiden stets verdeckt.

Vorkommen: WS. Herbst bis Winter, bisweilen reichlich, planktonisch, z. T. auch benthonisch; nicht selten. 1952 unter Eis.

Die allgemeinen Eigenschaften stimmen mit den Angaben S k u j a s überein.

Zusammenfassung einiger Ergebnisse.

1. Die Arbeit bringt Ergebnisse vierjähriger Beobachtungen aus künstlichen Wasserbehältern und aus dem Bootshafen des Ruster Kanals des Neusiedler Sees. Es sind sehr eutrophe Biotope, der letztere mit Gehalt an Natriumkarbonat und Natriumchlorid.

2. Neu beschrieben werden folgende Typen: die Gattung *Alternantia* mit den Arten *serra, Geitleri, ramifera, quadriga, tabularis*; ferner die neuen Arten: *Microcystis lutescens, argentea, punctata; Aphanothece viennensis* und *gracilis; Gloeocapsa attingens; Merismopedia rectangularis; Borzia Starkii, Coelosphaerium Geitleri.*

Abb. 17. *Leptothrix tenuissima* Skuja 830 ×.

3. Behandelt und mit Abbildung versehen sind folgende Arten: *Microcystis marginata* (Menegh.) Kütz., *Aphanocapsa Coordersi* Strom, *Aphanocapsa elachista* West et G. S. West; *Aphanocapsa delicatissima* West et G. S. West, *Gloeothece distans* Stitzenb., *Merismopedia minima* G. Beck, *Synechocystis aquatilis* Sauvageau, *S. Pevalekii* Erzegović; *Rhabdoderma lineare* Schmidle et Lauterb. var. *spirale* Wolosz., *Leptothrix tenuissima* Skuja.

4. *Microcystis lutescens* und *M. punctata* besitzen ein schwach gelblich gefärbtes Plasma, und erstere bildete eine lehmgelbe Wasserblüte.

5. *Microcystis punctata* besitzt nur wenige, distinkte, runde, eine bis selten vier Gasvakuolen, durch welche die Zellen wie die Kolonien punktiert erscheinen.

6. *Microcystis argentea* n. sp. zeigt eine silberige Färbung und im UV-Licht kein Assimilationspigment. Bei *Aphanothece delicatissima und A. elachista* (in alten Zellen) ist das Pigment stärker im Schwinden, und bei *Aphanothece viennensis* ließ sich überhaupt kein Farbton mehr erkennen; sie kann als farblos und heterotroph gelten.

7. Die Gattung *Alternantia* gehört einer noch nicht stabilisierbaren Nebenreihe der Cyanophyceen in Richtung auf die Bakterien an. Es treten fadenförmige Kolonien auf, zwischen deren Zellen bei den meisten Arten ein schmaler hyaliner Zwischenraum besteht (wie bei vielen Bakterien), an dem sie aneinander vorbeigleiten, bis die Zellen mit ihren entgegengesetzten (linken und rechten) Ecken einander gegenüberstehen; auch folgen sie im Zickzack gereiht. *Alternantia tabularis* bildet vorwiegend Zelltafeln.

8. Bei *Borzia Starkii* n. sp. wurde eine besonders schnelle, kontinuierliche Gleitbewegung beobachtet (wie bei keiner analogen Form), die eine sehr große, aber noch völlig dunkle Antriebskraft zur Voraussetzung hat.

9. Bei *Gloeocapsa attingens* wird das Ausschlüpfen einzelner Zellen aus dem kolonialen Zellverbande mitgeteilt, welche zu Mutterzellen von neuen Kolonien werden.

10. Aus den kolonialen Zellmassen, wie auch vieler anderer Arten, lösen sich einzelne Zellen los und wandern „passiv" mit dem von jenen ständig abgeschiedenen zarten Gallertstrom oder wenigstens zum Teil auch aktiv durch eine von ihnen selbst (alle Zellen der behandelten Arten sind bekanntlich zu Gallertbildung fähig) sezernierten Gallerte in gerichteter Bewegung an die Gallertoberfläche und dann ins freie Wasser. Damit wurde

11. ein Beitrag zu der bisher noch wenig bekannten Entwicklung der Kolonien geliefert — es war nur Zerteilung der Kolonien angegeben —, daß aus den Kolonien geschlüpfte Einzelzellen zunächst kleine Kolonien mit ganz anders gelagerten Zellen bilden, die allmählich zu den normalen heranwachsen, z. B. bei *Microcystis argentea* und *punctata*; *Aphanocapsa elachista* und *delicatissima*; *Gloeocapsa attingens*.

12. Da bei sehr vielen der hier behandelten Gattungen der *Chroococcales* die frisch geteilten Tochterzellen entweder nur langsam und wenig — bei Bildung *dichter* Lagerung der kolonialen Zellen — oder aber schneller und weiter — bei Bildung *lockerer* Lagerung — auseinandergehen, ist auch hier stets eine mit der Entwicklung gekoppelte Zellbewegung vorhanden, die vielleicht durch die jeder Zelle eigene Fähigkeit zu größerer oder geringerer Gallertabscheidung mitverursacht sein kann.

Literaturverzeichnis.

D o r f f, P., 1934: Die Eisenorganismen. Pflanzenforschung, **16**, Jena.
G e i t l e r, L., 1932: *Cyanophyceae*. Rabenhorsts Kryptogamenflora. Bd. XIV.
— 1936: Schizophyceae. Handb. d. Pflanzenanatomie. II. Abt. Bd. VI.
— 1942: Engler-Prantl, Bd. 1 b, *Schizophyta*.
G e i t l e r, L. und P a s c h e r, A.: *Cyanochloridinae-Chlorobacteriaceae*. Heft 12. Die Süßwasser-Flora Deutschlands etc. 451. 1925.
H u b e r - P e s t a l o z z i, 1938: Das Phytoplankton des Süßwassers. I. Allgemeiner Teil. Blaualgen, Bakterien, Pilze. Stuttgart.
L e m m e r m a n n, E., 1910: Algen I, Schizophyceen, Flagellaten, Peridineen. Kryptogamenflora d. Mark Brandenburg, 3, Leipzig.
N a u m a n n, E., 1922: Die Sestonfärbungen des Süßwassers. Arch. f. Hydrobiol. **13**.
N y g a a r d, G., 1945: Dansk Phytoplankton. Kobenhavn.
S c h m i d l e, W., 1900: Beiträge zur Kenntnis der Planktonalgen. Ber. d. D. B. Ges. **18**, 109, T. 6.
S k u j a, W., 1948: Taxonomie des Phytoplanktons einiger Seen in Uppland, Schweden. Uppsala.
S m i t h, G. M., 1916: New and interesting Algae from the lakes of Wiskonsin. Bull. Torrey Bot. Club, **43**, New York.
— 1920: Phytoplankton of the Inland lakes of Wisconsin. I. *Myxophyceae, Phaeophyceae, Heterokontae* and *Chlorophyceae*. Wisk. Geolog. and Nat. Hist. Survey. Bull., **57**, Scient. ser. 12, Madison.
S t r ø m, K. M., 1926: Norvegian mountisan algae. Skr. Norsk Vidensk. Akad. Oslo, math. nat. Kl., **6**, Oslo.
T e i l i n g, E., 1941: *Aeruginosa* oder *flos-aquae*. Eine kleine *Microcystis*-Studie. Svensk bot. Tidskr, **35**, Uppsala.
W e s t, W., et W e s t, G. S., 1912: Period. phytopl. British lakes. Journ. Linn. Soc. **40**, S. 432.
— — 1894: Algae West Ind. Journ. Linn. Soc. **30**, 276, T. 15, F. 9, 10.

Die in den Sitzungsberichten Abtlg. I und Abtlg. II a der math.-nat. Klasse der Österr. Ak. d. Wiss. erscheinenden Abhandlungen werden auch einzeln abgegeben. Sie können durch jede Buchhandlung oder direkt durch die Auslieferungsstelle der Österreichischen Akademie der Wissenschaften (Wien I, Singerstraße 12) bezogen werden.

Nachfolgende Abhandlungen aus dem Fach der **Zoologie** sind erschienen:

1950 (S I Bd. 159):

Pesta O. und Kuchar K.: Limnologische und hydrobakteriologische Untersuchungen an drei Hochgebirgstümpeln im Wattental (Tirol), 10 Seiten. S 7.80

1951 (S I Bd. 160):

Attems C.: Ergebnisse der Österreichischen Iran-Expedition 1949/50: Myriopoden vom Iran, gesammelt von der Expedition Heinz Löffler und Genossen 1949/50 (mit 47 Textabbildungen), 39 Seiten. S 23.—

Ehrenberg K.: Beobachtungen über Lebensspuren und Nahrungsweise der Bisamratte (Fiber zibethicus L.) (mit 3 Tafeln), 21 Seiten. S 14.—

Pesta O.: Ergebnisse der Österreichischen Iran-Expedition 1949/50: Studie an Süßwasserkrabben aus Persien (Iran) (mit 1 Textabbildung), 5 Seiten. S 3.—

Wettstein O.: Ergebnisse der Österreichischen Iran-Expedition 1949/50: Amphibien und Reptilien. Mit biologischen Zusätzen von H. Löffler, 21 Seiten. S 9.—

Willmann C.: Untersuchungen über die terrestrische Milbenfauna im pannonischen Klimagebiet Österreichs (mit 39 Textabbildungen), 85 Seiten. S 36.—

1952 (S I Bd. 161):

Böhm L. K., w. M., und Supperer R.: Die Mondblindheit der Einhufer, verursacht durch die Mikrofilarien von Onchocerca reticulata Diesing (mit 4 Textabbildungen und 1 Tafel), 8 Seiten. S 4.50

Hemsen J.: Ergebnisse der Österreichischen Iran-Expedition 1949/50: Cladoceren und freilebende Copepoden der Kleingewässer und des Kaspisees (mit 72 Textabbildungen), 59 Seiten. S 28.10

Kuchar K. W.: Bakteriologische Beobachtungen an zwei Hochgebirgstümpeln der Kitzbühler Alpen (Tirol), 14 Seiten. S 6.80

Pesta O., k. M.: Beobachtungen über die Entomostrakenfauna der Tümpel auf der Gerlosplatte (1640 m ü. d. Meer), 4 Seiten. S 2.40

Pesta O., k. M.: Biologische Beobachtungen an einigen Hochgebirgstümpeln der Kitzbühler Alpen (Tirol) (mit 1 Tafel und 1 Textabbildung), 3 Seiten. S 6.10

Roewer C. Fr.: Die Solifugen und Opilioniden der Österreichischen Iran-Expedition 1949/50 (mit 2 Textabbildungen), 7 Seiten. S 3.20

1953 (S I Bd. 162):

Böhm L. K., w. M., und Supperer R.: Beobachtungen über eine neue Filarie (Nemetoda), Wehrdikmansia rugosicauda Böhm & Supperer 1953, aus dem subkutanen Bindegewebe des Rehes (mit 6 Textabbildungen)

Brehm V.: Notizen zur Süßwasser-Mikrofauna von Borneo und Cebu (Philippinen) (mit 4 Textabbildungen)

Brehm V.: Pseudoboeckella remotissima n. sp., die erste Pseudoboeckella aus dem australischen Sektor der Antarktis (mit 6 Textabbildungen)

Nemenz H.: Ergebnisse der Österreichischen Iran-Expedition 1949/50. Ixodidae

Ochs G.: Ergebnisse der Österreichischen Iran-Expedition 1949/50. Gyrinidae (Coleoptera)

Ratzenhofer M.: Studien über die Gewichtsveränderungen bei der Entwicklung des Großen Kohlweißlings (mit 3 Textabbildungen)

Ruttner-Kolisko Agnes: Psammonstudien I. Das Psammon des Torneträsk in Schwedisch-Lappland (mit 4 Textabbildungen und 2 Tafeln)

Stundl K.: Der Gleinkersee bei Windischgarsten, Oberösterreich

Wettstein O.: Herpetologia aegaea (mit 2 Karten, 1 farbigen und 7 schwarzen Tafeln)

Willmann C.: Neue Milben aus den östlichen Alpen (mit 52 Textabbildungen)

MIX
Papier aus verantwortungsvollen Quellen
Paper from responsible sources
FSC® C105338

If you have any concerns about our products,
you can contact us on
ProductSafety@springernature.com

In case Publisher is established outside the EU,
the EU authorized representative is:
**Springer Nature Customer Service Center GmbH
Europaplatz 3, 69115 Heidelberg, Germany**

Printed by Libri Plureos GmbH
in Hamburg, Germany